Tamara Rachbauer

User Generated Content: Bedrohung oder Chance für Medienunternehmen

Tamara Rachbauer

User Generated Content: Bedrohung oder Chance für Medienunternehmen

Examicus Verlag

Bibliografische Information der Deutschen Nationalbibliothek: Die Deutsche Bibliothek verzeichnet diese Publikation in der Deutschen Nationalbibliografie; detaillierte bibliografische Daten sind im Internet über http://dnb.d-nb.de/ abrufbar.

1. Auflage 2007
Copyright © 2007 GRIN Verlag GmbH
http://www.examicus.de
Druck und Bindung: Books on Demand GmbH, Norderstedt Germany
ISBN 978-3-656-99402-2

Name, Vorname: Rachbauer Tamara

MD.H

MEDIADESIGN • HOCHSCHULE
FÜR
DESIGN
UND
INFORMATIK
UNIVERSITY OF
APPLIED
SCIENCES

Fachbereich: Medieninformatik (BA)

Modul: Medienwirtschaft und Kommunikationspolitik

Semester: WS 2006/2007

Modulprüfung

Medienwirtschaft und Kommunikationspolitik

„User Generated Content:"

Bedrohung oder Chance für Medienunternehmen

vorlegt von: **Tamara Rachbauer**

im Wintersemester 2006/2007

Inhaltsverzeichnis

Abbildungsverzeichnis

1. Einleitung

Mit der kontinuierlichen Zunahme von Breitbandanschlüssen hat sich der Umgang mit dem Kommunikationsmedium Internet drastisch verändert. Innerhalb kürzester Zeit hat sich das Internet vom „technischen Spielzeug" zu einem unentbehrlichen Arbeitsinstrument entwickelt. Websites mit hoch auflösenden Grafiken, aber auch mit audio-/visuellen Inhalten gehören inzwischen schon fast zum einheitlichen Standard. Diese technische Entwicklung dürfte wesentlich zur Verbreitung von nutzergenerierten Inhalten beigetragen haben.

Um das Phänomen „User Generated Content" und die Auswirkungen auf die Medienlandschaft besser verstehen zu können, werden in dieser Seminararbeit zunächst grundlegende Informationen, technologische Voraussetzungen und der richtige Umgang mit der Blogger-Gemeinschaft sowie eine Auswahl von bereits erfolgreichen Online-Angeboten beschrieben.

Im zentralen Kapitel folgt eine Erläuterung über die neuen Anforderungen und über positive aber auch negative Aspekte für Medienunternehmen, die bereits User Generated Content einsetzen.

Eine kurze Zusammenfassung und ein vorläufiger Ausblick für die Medienbranche bilden den Abschluss der Arbeit.

2. Begriffserklärung und Einführung zur Thematik User Generated Content

Im nachfolgenden Kapitel wird zunächst der Begriff „User Generated Content" sinngemäß beschrieben. Anschließend folgt eine grundlegende Einführung in diese hochaktuelle Thematik.

2.1 User Generated Content Definition

Der englischsprachige Begriff „User Generated Content" (Abkürzung UGC) wird überwiegend im Internet verwendet und bedeutet sinngemäß übersetzt, dass Inhalte

5

(Content) wie Grafiken, Texte, Audio- und Videodateien aber auch Kommentare und Produktbewertungen nicht wie bisher ausschließlich von Medienprofis, sondern von einem oder mehreren Benutzern (User) selbst erstellt (Generated) werden. Diese unabhängig generierten Inhalte werden größtenteils noch ohne finanzielle Entschädigung anderen interessierten Usern zugänglich gemacht.

Die Erwartungen, die in nutzergenerierte Inhalte gesetzt werden, sind seitens der Medienunternehmen aber auch der beteiligten User sehr unterschiedlicher Natur. In der klassischen Medienbranche besteht die Hoffnung, dass aus ihren bislang passiven Konsumenten auch noch umsatzsteigernde Inhaltslieferanten werden. Kritische Stimmen befürchten jedoch durch die Einbindung der Benutzer einen erheblichen Kontrollverlust und starke Qualitätseinbussen. Die User erhoffen sich durch ihre aktive Beteiligung die Vormachtsstellung der etablierten Medienunternehmen aufzulockern, während böse Zungen im Umgang mit User Generated Content vom so genannten AAL-Prinzip sprechen - Andere Arbeiten Lassen.

2.2 Technologische Voraussetzungen und Dienste

Eine der wichtigsten Voraussetzungen, um möglichst viele Menschen schnell und effizient mit Informationen zu versorgen, ist und bleibt das Internet. Denn mit der ständig zunehmenden Anzahl von Breitbandanschlüssen und den stetig steigenden Bandbreiten verbringen immer mehr Menschen immer mehr Zeit im Internet [vgl. Deutschland Online (2006)].

Kein Medium hat sich jemals schneller ausgebreitet als das Internet: Von 1997 bis 2006 stieg der Anteil der Internet-Nutzer in Deutschland von 6,5% auf 59,5%. 38,6 Millionen Bundesdeutsche Erwachsene sind inzwischen online. Zu diesen Ergebnissen kommt die repräsentative 10. ARD/ZDF-Online-Studie 2006, für die 1820 Erwachsene befragt wurden. [FUSE GmbH (2006)]

① Entwicklung der Onlinenutzung in Deutschland 1997 bis 2006 Personen ab 14 Jahre	1997	1998	1999	2000	2001	2002	2003	2004	2005	2006
gelegentliche Onlinenutzung										
in %	6,5	10,4	17,7	28,6	38,8	44,1	53,5	55,3	57,9	59,5
in Mio	4,1	6,6	11,2	18,3	24,8	28,3	34,4	35,7	37,5	38,6
Zuwachs gegenüber dem Vorjahr in %	-	61	68	64	36	14	22	4	5	3
Onlinenutzung innerhalb der letzten vier Wochen										
in %	n.e.¹)	n.e.	n.e.	n.e.	n.e.	n.e.	51,5	52,6	56,7	57,6
in Mio	n.e.¹)	n.e.	n.e.	n.e.	n.e.	n.e.	33,1	33,9	36,7	37,4
Zuwachs gegenüber dem Vorjahr in %	-	-	-	-	-	-	-	2	8	2

1) n.e. = nicht erhoben

Basis: Onlinenutzer ab 14 Jahre in Deutschland (2006: n=1 084, 2005: n=1 075, 2004: n=1 002, 2003: n=1 046, 2002: n=1 011, 2001: n=1 001, 2000: n=1 005, 1999: n=1 002, 1998: n=1 006, 1997: n=1 003).

Abbildung 1: Entwicklung der Onlinenutzung in Deutschland 1997 bis 2006, Quellen: ARD - Online-Studie 1997, ARD/ZDF-Online-Studien 1998 - 2006 (2006)

Um das Erstellen und Verwalten von User Generated Content im Internet zu erleichtern, bedarf es allerdings noch weiterer Dienste und Softwaresysteme. Die wichtigsten Begriffe dazu werden im nachfolgenden Glossar kurz beschrieben.

Web 2.0: Sammelbegriff für eine veränderte Mediennutzung des Internets. Die Zahl der nutzergesteuerten Inhalte steigt kontinuierlich an. Dadurch entsteht zunehmend eine Art selbst gesteuerte „User zu User Propaganda" im Web. Weblogs, Wikis und vor allem Web-Communities zählen zu den bekanntesten Vertretern des Web 2.0.

Weblog: Kunstwort bestehend aus Web und Log (Buch); Weblogs, auch Blogs genannt, sind meist kurz gehaltene Online-Beiträge von einer oder mehreren Personen erstellt, die persönliche Tagebücher, aktuelle Ereignisse aber auch spezielle Themen beinhalten. Die Einträge sind nach ihrer Aktualität sortiert, das heißt neue Beiträge stehen an oberster Stelle. Die Möglichkeit, einzelne Beiträge zu kommentieren, ist eines der Merkmale von Weblogs.

Blogs sind außerdem mit Links ausgestattet, die auf andere themenverwandte Blogs verweisen. Aufgrund dieser Vernetzungsmöglichkeiten bilden sich thematische Linkansammlungen, auch Blogosphäre genannt [vgl. Stanoevska-Slabeva, Katarina (2006: 33 ff.)]. Interessante Nachrichten können sich innerhalb dieser Sphäre sehr schnell verbreiten und sogar in den Massenmedien Beachtung finden.

7

Wiki: Der Name ist abgeleitet von wikiwiki, dem hawaiischen Wort für „schnell". Wikis sind Internetseiten, bei denen verschiedene Benutzer Beiträge gemeinschaftlich erstellen [Przepiorka, S (2006: 13-27)]. Diese Beiträge können online von anderen Benutzern nicht nur gelesen, sondern auch editiert werden. Die Online-Enzyklopädie Wikipedia ist wohl das bekannteste Beispiel für Wikis.

Podcast: Kunstwort bestehend aus iPod (Musikabspielgerät) und Broadcast (Rundfunk), Podcasts sind Audio- und mittlerweile auch Videoblogs, die meist private Radio- und Fernsehsendungen, Interviews und Beiträge zu den unterschiedlichsten Themen enthalten. Diese audio-/visuellen Dateien sind in einem netztauglichen Format abgespeichert.

RSS: Really Simple Syndication oder abgekürzt RSS bedeutet sinngemäß übersetzt „wirklich einfache Verbreitung" [vgl. Bernet, Marcel (2006: 144 - 149)]. Mit Hilfe von RSS können Inhalte oder Teile von Weblogs, Podcasts und anderen Internetseiten automatisiert abgerufen werden. Aktuelle Inhalte werden dabei in regelmäßigen Abständen auf die Endgeräte des Benutzers geladen.

Permalinks / Trackbacks: Weblog-Einträge können als Permalink (Permanentlink, Fixlink) erstellt und mit Hilfe von RSS automatisiert in andere Internetseiten übernommen werden. Permalinks sind also eindeutig zugeordnete Adressen und sollen verhindern, dass Beiträge nicht wieder gefunden werden. Permalinks können außerdem mit einem Trackback („die Spur zurückverfolgen", Rück-Link) versehen werden und ermöglichen dadurch eine automatische, gegenseitige Verlinkung von Weblogs. [vgl. Stanoevska-Slabeva, Katarina (2006: 33 ff.)]

2.3 Die Do-It-Yourself Community: Blogger & Co

Weblogs liefern oft erste ungeschliffene Informationen zu Themen von öffentlichem Interesse. Diese dienen Profi-Journalisten immer häufiger als Grundlage für ihre eigenen Artikel. Die Blogger-Community wiederum begutachtet und kommentiert diese Artikel. Dadurch kann es leicht zu Missverständnissen zwischen Bloggern und Medienprofis kommen. Um diese zu vermeiden, sollten einige wichtige Kriterien beachtet werden.

Der kleine Blogger - Umgangsknigge:

Information ist alles: Vor der ersten Kontaktaufnahme mit Bloggern ist es wichtig, die Entwicklung ihrer Weblogs über einen bestimmten Zeitraum zu verfolgen. Nur so ist es für Medienunternehmen möglich, herauszufinden, ob die Inhalte firmenrelevant und authentisch sind.

Offenheit zeigen: Medienunternehmen, die sich anders darstellen als sie sind, oder unter einer falschen Identität Kontakt aufnehmen, werden sehr schnell in Schwierigkeiten geraten. Eine aufrichtige und transparente Beziehung zur Blogger-Community ist daher unbedingt erforderlich [vgl. Ulbing, Jochen (2006)].

Sachlichkeit bewahren: Obwohl die meist subjektiv und persönlich gehaltenen Beiträge der „Ich-Verleger" schwerer einzuordnen sind als traditionell erstellte Artikel, sollten Weblogs dennoch sachlich und mit derselben Professionalität behandelt werden, wie es in der klassischen Medienbranche üblich ist.

Emotionale Reaktionen vermeiden: Blogger sind bei stichhaltiger Argumentation durchaus bereit, voreilig verfasste Einträge zu korrigieren. Üblicherweise wird dabei der entsprechende Eintrag durchgestrichen, damit die Leser die Korrektur auch nachvollziehen können. Unüberlegte oder gar verletzende Reaktionen der Medienunternehmen auf negative oder voreilig verfasste Einträge in Weblogs werden definitiv eine nur noch größere Kritikwelle innerhalb der Blogger-Community hervorrufen.

2.4 Breitgefächerte Angebote mit User Generated Content

Nachfolgend werden einige Online-Angebote vorgestellt, die bereits erfolgreich mit User Generated Content arbeiten.

www.myvideo.de: eine im Frühjahr 2006 gestartete Video-Community, in der alle registrierten Mitglieder ihre selbst produzierten Videoclips kostenlos in verschiedenen Kategorien präsentieren können. Diese selbst gedrehten Videos können nutzerseitig nicht nur betrachtet sondern auch kommentiert und bewertet werden. Zurzeit finden sich weit über 100.000 Videoclips zu allen nur erdenklichen Themen auf myvideo.de.

9

www.qype.com: eine Art Online-Branchenbuch, das deutschlandweit für mittlerweile mehr als 1000 Städte von Nutzern verfasste Erfahrungsberichte und Bewertungen zu regionalen Dienstleistern (Restaurants, Geschäfte, KFZ-Werkstätten usw.) anbietet. Je mehr Berichte Qype-Mitglieder verfassen, desto leichter wird es für andere Nutzer, die Relevanz der Empfehlungen zu erkennen.

www.dopcast.de: eine Hörer-Community, bei der sich Neueinsteiger schnell und einfach einen Überblick zum Thema Podcast verschaffen können [Kreinau, Sebastian (2006)]. Die Audiobeiträge sind in Rubriken eingeteilt und können kommentiert und bewertet werden. Je öfter und besser die Bewertung, desto höher steigt der Beitrag in den dopcast Charts. Als Besonderheit bietet das Portal eine Podcatcher - Software zum kostenlosen Download an, die das Suchen, Verwalten, Abonnieren und Anhören der Podcasts stark vereinfacht.

www.wikipedia.org: freie Online-Enzyklopädie, bei der jeder Benutzer unangemeldet Artikel erstellen oder verändern kann. Eine Art „Qualitätskontrolle" wird dabei von den Benutzern selbst übernommen. An der deutschsprachigen Ausgabe arbeiten mittlerweile regelmäßig mehr als 7000 Autoren.

www.yigg.de: eine Nachrichten-Plattform, bei der nicht wie üblich eine Redaktion sondern die Benutzer selbst entscheiden, welcher Eintrag wichtig ist. Nachrichten, Artikel und auch Videos können eingestellt, bewertet und kommentiert werden. Je höher die Bewertung, desto weiter steigt der Eintrag in seiner Kategorie auf [vgl. yigg (2005)].

3. User Generated Content – Gewinnerzielung oder finanzielles Desaster für die Medienbranche

Internetnutzer, die sich von Seite zu Seite klicken und die dort aufbereiteten Informationen konsumieren, dürften wohl bald der Vergangenheit angehören. Die neue, aktive Web-Generation kann ohne besondere Vorkenntnisse inzwischen selbst relevante Inhalte im Netz erstellen und verwalten. Die dadurch entstehenden neuen Anforderungen an Medienunternehmen einerseits, aber auch positive und negative Aspekte der Medienbranche im Umgang mit User Generated Content andererseits, werden im nachfolgenden Kapitel beschrieben.

3.1 Neue Anforderungen für Medienunternehmen

Vormals passive Konsumenten arbeiten nun aktiv in Communities mit und verbreiten ihre eigene Meinung in Weblogs, Wikis oder Podcasts, die durch ihre starke Vernetzung eine sehr große Reichweite und Öffentlichkeit erlangen. User Generated Content erzielt zum Teil höhere Zugriffszahlen als etablierte Medien. Im Umgang mit diesen nutzergenerierten Informationsquellen entstehen für Medienunternehmen neue Anforderungen, die es zu bewältigen gilt.

3.1.1 Web Monitoring

Medienunternehmen können durch die zielgerechte Beobachtung von Weblogs und Online-Communities firmenrelevante Themen herausfiltern und diese für beliebige unternehmenseigene Zwecke verwenden. Aber auch Kundenwünsche oder Kundenzufriedenheit lassen sich frühzeitig erkennen, und dadurch kann auf etwaige kritische Kommentare dementsprechend schnell reagiert werden.

Zur optimalen Durchführung dieser Medienüberwachung kann ein firmeninternes Monitoring eingesetzt werden. Diese Methode ist allerdings nur für eine begrenzte Überwachung des Internets geeignet und zudem mit hohem Aufwand für das Unternehmen verbunden. Denn hierfür muss das Unternehmen vor allem über kompetente, gut geschulte Mitarbeiter verfügen, die einerseits sofort mitdiskutieren und auf negative Entwicklungen optimal reagieren, und andererseits durch Relevanzprüfung und Gegenrecherche die nutzergenerierten Informationen professionell auswerten können.

Für eine großflächige Suche nach firmenrelevanten Inhalten im Internet bietet sich die Inanspruchnahme eines externen Web Monitoring Unternehmens an [vgl. Binder, Maria (2006)].

Im Beobachtungsdienst www.ausschnitt.de werden neben der Überwachung und Auswertung von Weblogs, Foren, Newsgroups und Communities auch kritische

11

Entwicklungen in einem Frühwarnsystem gemeldet [vgl. Bernet, Marcel (2006: 150 - 161)]. Je nach Anforderungsprofil werden verschiedene Preisvarianten angeboten.

Die IBM Online Monitoring Software „Public Image Monitoring Solution" verbindet große Datenbanken mit speziellen Suchtechniken und mehrsprachiger Textanalyse [vgl. Bernet, Marcel (2006: 150 - 161)], mit deren Hilfe relevante Themen aus der Blogosphäre gefiltert werden. Ein großer Nachteil dieser Monitoring Lösung ist der enorm hohe Anschaffungspreis für Programme und Server.

Die Stärken und Schwächen der Konkurrenz zu kennen, bietet durch einen direkten Vergleich die Chance, die Qualität des eigenen Medienunternehmens zu verbessern. Daher sollte das Web Monitoring nicht nur auf das eigene Unternehmen angewendet werden, sondern auch die Konkurrenz mit einbeziehen [vgl. Wright, J. (2006: 179 - 210)].

3.1.2 Unternehmens-Blog

Diese Art von Weblogs können zum Beispiel zum internen Meinungsaustausch zwischen Chefetage und Mitarbeitern aber auch zur direkten, interaktiven Kommunikation mit Konsumenten oder potentiellen Inhaltslieferanten genutzt werden.

Bevor ein Medienunternehmen eigene Weblogs einsetzt, sollte genauestens geprüft werden, ob sich der eher provokante Charakter von Blogs mit dem Image des Unternehmens [vgl. Jüch, C und Stobbe, A (2005)] bzw. der Unternehmensphilosophie vereinbaren lässt.

Die Ziele, die mit der Nutzung eines firmeneigenen Blogs erreicht werden sollen, sind genau festzulegen und müssen mit den Zielen des Medienunternehmens abgestimmt werden.

Nach welchen Regeln Mitarbeiter im Auftrag des Unternehmens Blogs [vgl. Jüch, C und Stobbe, A (2005)] erstellen, und wie sie mit anderen Bloggern kommunizieren dürfen, muss durch den Einsatz interner Richtlinien festgelegt werden.

Firmeneigene Blogs sind zudem mit sehr hohem Pflegeaufwand verbunden. Regelmäßige Aktualisierungen sind ebenso durchzuführen wie frühestmögliche Reaktionen auf Kommentare und Emails.

3.2 Erfolgreiche Geschäftsmodelle mit User Generated Content

Die Möglichkeit allein mit User Generated Content Erfolg versprechende Geschäftsmodelle zu entwickeln, ist eine nicht ganz unproblematische Angelegenheit. Denn durch die Kostenlos-Kultur im Netz ist die Zahlungsbereitschaft der User sehr gering. Dennoch gibt es inzwischen einige erfolgreiche Konzepte wie nachfolgende Beispiele zeigen.

Bürgerjournalisten bei CNN

Der US-Nachrichtensender CNN bietet auf seinem neuen Angebot CNN Exchange (www.cnn.com/exchange) so genannten Bürgerjournalisten die Möglichkeit per Formular, ihre eigenen Foto- und Videoaufnahmen von medienrelevanten Ereignissen upzuloaden.

Diese nutzergenerierten Beiträge werden von der CNN Redaktion professionell ausgewertet, auf Relevanz geprüft und durch Gegenrecherchen abgesichert [vgl. Computerwoche (2006)]. Erst dann werden die als „I-Report" gekennzeichneten Beiträge entweder auf CNN Exchange veröffentlicht oder auch im US-Fernsehkanal selbst gesendet. User Generated Videobeiträge aus dem Krisengebiet Libanon wurden vom Nachrichtensender CNN bereits verwendet.

Da die Bürgerjournalisten sämtliche Rechte ihrer eingesandten Werke abgeben und für ihre Beiträge nicht entschädigt werden, erhält CNN somit kostenlos nachrichtentaugliches Foto- und Videomaterial.

Vodcasts bei BMW

Der Automobilkonzern BMW präsentierte auf der firmeneigenen Vodcast-Seite http://vodcast.bmw.com/ verschiedene kurze Werbeclips, die von Usern nicht nur angesehen, sondern von diesen auch auf andere Online-Portale wie YouTube weiterverteilt werden konnten. Die Download-Rate der einzelnen Clips zeigte dem Unternehmen, welche Werbebotschaften ihre „potenziellen Kunden" sehen wollten.

Diese Art der Zielgruppenoptimierung würde der Werbeabteilung von BMW mit herkömmlichen Marketingstrategien (zum Beispiel Zeitungsanzeigen, Meinungsforschung, Marketingexperten, usw.) wesentlich höhere Kosten verursachen.

Flickr „Die Augen der Welt"

Flickr, das bekannteste Fototauschportal der Welt, arbeitet auf der Basis zahlender Mitglieder. Die Grundversion auf www.flickr.com ist zwar gratis [Spudich, Helmut (2005)], dafür sind die Funktionen aber eingeschränkt. Erst mit dem kostenpflichtigen „Pro-Account" sind alle Funktionen uneingeschränkt nutzbar. Flickr selbst beziffert ihre zahlenden Kunden mit ca. 20 Prozent.

Auch klassische Medienunternehmen nutzen inzwischen verstärkt die Online-Fotoplattform zu ihrem eigenen Vorteil. Denn Flickr konnte aktuellere Fotos von Katastrophen wie dem Tsunami in Südostasien und dem verheerenden Hurrikan Katrina an der Amerikanischen Golfküste vorweisen als die meisten Nachrichtenagenturen.

Werbezeiten beim Online-Auktionsportal Ebay ersteigern

Gewinnbeteiligung ist eine weitere Möglichkeit, um mit User Generated Content Geld zu verdienen. Das Online-Auktionsportal Ebay (www.ebay.de) arbeitet schon seit Jahren sehr erfolgreich mit dieser Methode. Bereits mit dem Einstellen der Waren werden Gebühren fällig, die, abhängig von der Höhe des Startpreises, gestaffelt sind. Nach Auktionsende ist eine prozentuelle Provision an Ebay abzuführen, die sich aus der Höhe des erzielten Verkaufspreises errechnet.

Dieses Geschäftsmodell funktioniert durch die gemeinschaftliche Aktivität zwischen Käufer und Verkäufer. „Je mehr Verkäufer, desto größer das Angebot und damit mehr potentielle Kunden – Je mehr potentielle Kunden, desto größer die Anzahl der Verkäufer."

Aufgrund dieser Wechselwirkung hat Ebay einen wesentlichen Vorteil gegenüber seiner Konkurrenz. Denn jeder neue Markteinsteiger muss sich erst einen kaufkräftigen Kundestock aufbauen. Als eines der ersten Auktionsportale im Internet hat Ebay seine Vormachtsstellung gegenüber seinen Mitstreitern fast unerreichbar ausgebaut.

Neuerdings hat auch die Medienbranche das Internetauktionshaus Ebay für sich entdeckt. Neben verschiedensten Werbemitteln können jetzt auch TV-Werbezeiten und sogar Sponsorenrechte ersteigert werden.

Der Premiere-Sender Hollywood Cinema versteigerte die Sendezeit für 170 TV-Werbespots mit jeweils 15 bis 30 Sekunden Länge. Der Listenpreis für einen 30 Sekunden Spot beträgt normalerweise zwischen 80 und 180 Euro. Die Auktion brachte für das komplette Werbepaket 480 Euro.

Auch der TV-Sender Oberlausitz versteigerte die Sendezeit für einen stündlichen 30 Sekunden Werbespot für einen ganzen Monat. Offizieller Listenpreis 1600 Euro. Versteigert wurde das ganze Werbepaket für nur 124,34 Euro [vgl. VNR (2006)].

Die Titel-Sponsorschaft für das Motorcross FIM Trials World Championship inklusive Live-Übertragung auf Eurosport und Printwerbung wurde von der Event-Agentur Air Team zum Endpreis von nur 1310 Euro versteigert [vgl. VNR (2006)].

Durch diese neue Vermarktungsform können sich auch kleinere Medienunternehmen Werbeformen leisten, die bisher nur den Großen aus der Medienbranche vorbehalten waren [vgl. VNR (2006)].

Blogvermarktung bei der Washington Post

Die Washington Post erweitert ihren Internetauftritt um einen interessanten Dienst, dem so genannten Blogroll[1]. Nachdem sich interessierte Blogger auf der Website www.washingtonpost.com/wp-adv/blogroll/ registriert haben, bindet die Washington Post ausgewählte Blogs in einer eigenen Rubrik ihrer Website ein. Gleichzeitig werden bezahlte Anzeigen ihrer Werbekunden in die Weblogs platziert.

Durch die ca. acht Millionen Besucher, die monatlich auf der Washington Post Website zu Gast sind, können sich die erwählten Blogger einem sehr großen Publikum

---

[1] dies sind Linklisten von Bloggern zu themenverwandten Blogs

vorstellen und nebenbei sogar noch etwas Geld verdienen. Denn die Einkünfte aus den Werbegeschäften werden im Verhältnis 50 zu 50 zwischen Blogger und Washington Post aufgeteilt.

Eine optimale Symbiose, die beiden Seiten Vorteile bringt. Die Washington Post kann ihren Bedarf an ergänzenden Beiträgen zum Hauptangebot ohne größeren Aufwand decken, und die Blogger dürfen sich über höhere Zugriffszahlen freuen.

Hasbro's Monopoly Coup

Für das im Herbst 2007 erscheinende „Monopoly Deutschland" für PC und Konsolen hat sich die Werbeabteilung des Spieleherstellers Hasbro eine ganz besondere Marketingstrategie einfallen lassen. Im interaktiven Wahlstudio stehen zurzeit 38 deutsche Städte zur Auswahl. 22 davon kommen auf das Online-Brettspiel. Nach einer Registrierung auf der Website www.monopoly.de kann jeder für seine bevorzugte Stadt voten. Als zusätzliche Motivation werden laufend die aktuellen Zwischenstände angezeigt.

Obwohl diese Aktion erst vor kurzem angelaufen ist, hat sie schon viel Aufsehen erregt. Einige Städte rufen ihre Mitbürger auf, sich aktiv an der Wahl zu beteiligen. Die Stadt Weimar zum Beispiel hat für diesen Zweck auf ihrer Homepage einen eigenen Werbebanner geschaltet. In Saarbrücken wurde zu einer Unterschriftenaktion aufgerufen, um als 39. Stadt in die Auswahl aufgenommen zu werden [vgl. Schneider, Burkhard (2007)].

User Generated Monopoly – Eine deutschlandweite Werbekampagne praktisch zum Nulltarif „Genial und Einfach oder Einfach nur Genial?"

3.3   Negative Auswirkungen durch User Generated Content

Weblogs können sich im Internet durch ihr Beschleunigungspotential mit enormer Geschwindigkeit verbreiten. Dies kann sich für Unternehmen, wie im Kapitel 3.2 bereits beschrieben, durchaus umsatzfördernd bzw. gewinnbringend auswirken.

Negative Kommentare und vor allem Problembereiche werden ebenso schnell aufgegriffen und erreichen kritische Massen[vgl. Stanoevska-Slabeva, Katarina (2006: 33

ff)]. Diese Entwicklung endet meist mit einer schweren Imageschädigung für das betroffene Unternehmen.

Die Jamba Klingelton-Affäre

Der Klingelton Anbieter Jamba (www.jamba.de) kam in arge Bedrängnis als die Blogger-Community die Abo-Geschäftspraktiken des Unternehmens anprangerte. Im kritischen Blog-Beitrag wurde unter anderem darauf hingewiesen, dass viele Minderjährige nach Herunterladen eines Jamba Klingeltons, ohne es zu wissen, auch ein kostenpflichtiges Abo mitbestellten. Der Klingelton Anbieter reagierte zwar schnell aber unüberlegt. Jamba Mitarbeiter verbreiteten massenhaft Blogs mit positiven Kommentaren zur Verkaufspolitik des Unternehmens. Da die meisten Blogging-Tools IP-Adressen mitprotokollieren, wurde die „Undercover-Aktion" schnell aufgedeckt.

Die Folge: Eine enorme Kritikwelle brach über Jamba herein, und Tageszeitungen griffen das Thema auf. Kurze Zeit später folgte ein Bericht im Fernsehsender Sat.1 [vgl. Bernet, Marcel (2006: 124 - 128)].

Ausgelöst durch einen einzigen Blog-Beitrag wurde schlussendlich Klingeltonwerbung in Jugendzeitschriften durch den deutschen Bundesgerichtshof verboten.

Bild und die Laien-Paparazzis

Dass der Einsatz von User Generated Content auch rechtliche Auswirkungen nach sich ziehen kann, bekam das Boulevardblatt Bild in Form von Unterlassungsklagen zu spüren.

Unter dem Moto „Sie machen Klick und wir zahlen" forderte die Bildzeitung ihre Leser auf, eigene Fotos, vorzugsweise von Prominenten, einzusenden und versprach 500 Euro Belohnung für jedes bundesweit erscheinende Foto.

Angetrieben durch Aussicht auf schnelles Geld zogen Scharren von so genannten Volks-Paparazzis durch Deutschland auf der Jagd nach Prominenz. Ohne Rücksicht auf Persönlichkeitsrechte oder Achtung der Privatsphäre wurde munter drauf los geknipst. Die Folge: einige Prominente antworteten über ihren Anwalt mit Unterlassungserklärungen und in einem Fall sogar mit einer Schmerzensgeldklage. Aufgrund solcher Vorfälle wird sich das ohnehin schon angespannte Verhältnis zwischen Presse und Prominenz weiter verschlechtern. In Zukunft sei laut [Mrazek, Thomas (2006: S. 22)] zu befürchten, dass sich die Stars generell weigern mit Journalisten in Kontakt zu treten.

3.4 Schwarze Schafe gibt es überall

PR²-Agentur Edelman in der Krise

Die weltweit drittgrößte PR-Agenturgruppe Edelman (www.edelman.com) startete für seinen größten Kunden, den US-amerikanischen Einzelhandelskonzern Wal-Mart, eine Web 2.0 - Werbekampagne.

Das Blogger-Pärchen Jim und Laura unternahm mit dem Campingwagen eine Reise durch Amerika und übernachtete hauptsächlich auf Parkplätzen von Wal-Mart Filialen. Die beiden machten zahlreiche Fotos und unterhielten sich mit den dort beschäftigten Mitarbeitern. Im Reiseblog Wal-Marting across America (http://walmartingacrossamerica.com/) waren dann ausschließlich gut gelaunte Wal-Mart Mitarbeiter und zufriedene Kunden zu sehen.

Eine gutgemachte Aktion, wären nicht Jim und Laura einschließlich der Reisekosten von der Edelman Agentur selbst bezahlt worden. Natürlich wurde der Schwindel aufgedeckt, und die PR-Agentur befand sich in einer handfesten Glaubwürdigkeitskrise. Gerade für ein Web 2.0 - Unternehmen, das sich selbst für Transparenz und offenen Dialog ausspricht, eine absolute Image-Katastrophe. Ob sich durch die öffentliche Entschuldigung des Chefs, Richard Edelman, diese Angelgenheit so einfach bereinigen lässt, bleibt abzuwarten.

---

2 Public Relation (Öffentlichkeitsarbeit)

4. Zusammenfassung und Ausblick

Im Internet nichts Neues? Nicht wirklich, denn ob sich ein Unternehmen für den Einsatz von User Generated Content entscheidet oder nicht, ergibt sich, wie in anderen Geschäftsbereichen auch, durch eine einfache Kosten-Nutzen-Rechnung.

Es gibt sie zwar, die Möglichkeiten mit nutzergenerierten Inhalten Geld zu verdienen, jedoch verliert man bei näherer Betrachtung schnell die Illusion vom einfachen und großen Gewinn.

User Generated Content Plattformen in das bereits bestehende Geschäftskonzept einzubinden, ist wohl die aussichtsreichste Methode, höhere Umsätze zu erzielen. Denn die direkte Kommunikationsmöglichkeit, die diese Plattformen bieten, birgt für Medienunternehmen ein enormes Potential, neue Kunden zu finden und bereits vorhandene Kunden stärker an sich zu binden.

Gerade die Medienbranche könnte in Zukunft durch eine konstruktive Zusammenarbeit mit Bloggern schneller und vor allem kostengünstiger an wertvolle Informationen kommen. Der Internetberater John Hiler spricht von einer „symbiotischen Beziehung" zwischen Bloggern und Journalisten, vom Prinzip des wechselseitigen Gebens und Nehmens [Hiler, John (2002)].

Wenn Medienunternehmen eine zielgerechte Beobachtung von Weblogs und Online-Communities durchführen, eine aufrichtige und transparente Beziehung zur Blogger-Community herstellen und deren Informationen verantwortungsbewusst einsetzen, ja dann klappts auch mit dem User Generated Content.

Literaturverzeichnis

Basler Zeitung (2006): Presseartikel „Vernetzte Studenten", In: Basler Zeitung, 19.06.2006

Bernet, Marcel (2006: 124 - 128): „Weblog: Vom Umgang mit Bloggern" In: Medienarbeit im Netz. Von E-Mail bis Weblog: Mehr Erfolg mit Online-PR, Zürich, o-rell füssli Verlag AG, 2006

Bernet, Marcel (2006: 144 - 149): „RSS und Tags: Das neue Netz-Lesen" In: Medienarbeit im Netz. Von E-Mail bis Weblog: Mehr Erfolg mit Online-PR, Zürich, o-rell füssli Verlag AG, 2006

Bernet, Marcel (2006: 150 - 161): „Netz-Monitoring: Eine uferlose Geschichte", In: Medienarbeit im Netz. Von E-Mail bis Weblog: Mehr Erfolg mit Online-PR, Zürich, orell füssli Verlag AG, 2006

Binder, Maria (2006): „Chancen und Risiken von Weblogs für Unternehmen", Diplomarbeit, Fachhochschul-Studiengang Informationsberufe Eisenstadt, im Fachbereich Informations- und Wissensmanagement, Eisenstadt, 2006

Computerwoche (2006): „CNN verbreitet User Generated Content", In: Computerwoche.de, Produkte + Technik, Stand: 1.August 2006, (abgerufen am 28.Jänner 2007) http://www.computerwoche.de/produkte_technik/579569/?ILC-RSSFEED&feed=579569%20rssnews

Deutschland Online (2006): „Nutzungsaspekte von Breitband", In: Breitband – Markt in Deutschland, Stand: 29.November 2006, (abgerufen am 5.Jänner 2007) http://www.studie-deutschland-online.de/do4/2300.html

FUSE GmbH (2006): „ARD/ZDF – Online – Studie 2006: 60 Prozent der Deutschen online – Multimedia auf dem Vormarsch", In: FUSE GmbH Integrierte Kommunikation und Neue Medien, Stand 9.Oktober 2006, (abgerufen am 5.Jänner 2007) http://www.fuse.de/home/main.php?action=ReadNews&ItemId=477

Hiler, John (2002): Artikel „Blogosphere: the emerging Media Ecosystem" Micro-contentnews.com, Stand: 28.Mai 2002, (abgerufen am 28.Jänner 2007), http://www.microcontentnews.com/articles/blogosphere.htm

Jüch, C und Stobbe, A (2005): „Blogs: Ein neues Zaubermittel der Unternehmens-kommunikation?", In: Economics Digitale Ökonomie und struktureller Wandel Nr. 53, Deutsche Bank Research Publikationen E-conomics (dt), Stand: 22.August 2005, (abgerufen am 24.Jänner 2007) http://www.dbresearch.de/servlet/reweb2.ReWEB?rwkey=u1563140

Kreinau, Sebastian (2006): Pressemitteilung „Alles aus einer Hand für Podcast-Neulinge", In: dopcast Die Hörer-Community, Presse, Stand: April 2006, (abgerufen am 2.Februar 2007), http://www.dopcast.de/content-presse/Presse.html

Mrazek, Thomas (2006: S. 22): „Willkommene Amateure. Billige Digitaltechnik macht Laien zu billigen Reportern", In: Bayerischer Journalisten Verband BJVRe-port, Mitgliederzeitschrift Nummer 4, Stand: April 2006

Nitz, Olaf (2006): „Neue Herausforderungen durch User Generated Content", In: Olaf Nitz über Social Software und so, Stand: 26. Mai 2006, (abgerufen am 18.Jänner 2007), http://soso.onitz.de/2006/05/29/neue-herausforderungen-durch-user-generated-content/

Przepiorka, S. (2006: 13-27). „Weblogs, Wikis und die dritte Dimension", In: Weblogs professionell. Grundlagen, Konzepte und Praxis im unternehmerischen Umfeld., Heidelberg, Dpunkt Verlag, A. Picot, & T. Fischer (Hrsg.)

Schneider, Burkhard (2007): „Monopoly – user generated Content", In: best-practise-business, Marketing/PR, Stand: 21.Jänner 2007, 6:45, (abgerufen am 01.Februar 2007) http://www.best-practice-business.de/blog/?p=1854

Spudich, Helmut (2005): Zeitungsartikel „Die Welt als Flickr. Helmut Spudich ü-ber Lust auf Online-Fotos", In: Der Standard Österreichisches Nachrichtenblatt, vom 12.Juni 2005

Stanoevska-Slabeva, Katarina (2006: 33 ff): „Wie Blogs und Wikis die Welt verändern", In: SWISS ENGINEERING STZ Schweizerische Technische Zeitschrift 10/2006, Rubrik Gesellschaft

Ulbing, Jochen (2006): „Blogger gefährden den Markenerfolg", In: be24.at Börse Express WirtschaftsBlatt Online GmbH, Stand: 1.Dezember 2006, 10:20:00, (abgerufen am 8.Jänner 2007) http://www.be24.at/blog/entry/2142/blogger-gefaehrden-den-markenerfolg

VNR (2006): „Werbemittel: Werbe-Schnäppchen bei eBay ersteigern", In: VNR täglich Verlag für die Deutsche Wirtschaft AG, Stand: 17.August 2004, (abgerufen am 02.Februar 2007), http://www.news-vnr.de/archiv/2004/08/newsletter_2004_08_17.html#part_1

Wright, J. (2006: 179 - 210): „Participating in your Blog" In: Blog Marketing: The revolutionary new way to increase sales, build your brand, and get exceptional results. 1 edition (November 15, 2005), New York: McGraw-Hill.

YiGG (2005): Beschreibung: „Was genau ist YiGG?", In: YiGG.de Community News & More, Stand: 2005, (abgerufen am 16.Jänner 2007), http://www.yigg.de/ueber#wasistyigg